未来正来，一张进入人工智能时代的入场券

突破信息论

理解智能本质

U0344606

超信息论
与人工智能的语言学原理

# 物与词

史雷鸣　著

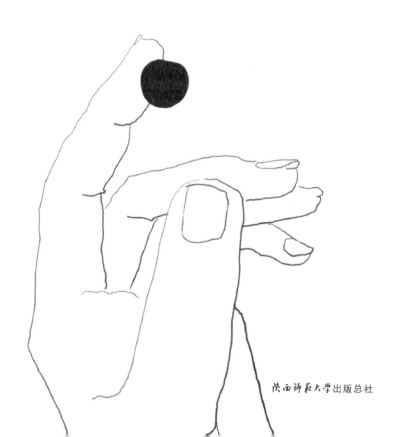

陕西师范大学出版总社

图书代号：ZH19N0025

## 图书在版编目（CIP）数据

物与词：超信息论与人工智能的语言学原理 / 史雷鸣
著 . -- 西安：陕西师范大学出版总社有限公司，2019.1
ISBN 978-7-5695-0545-0

Ⅰ . ①物… Ⅱ . ①史… Ⅲ . ①人工智能语言—研究
Ⅳ . ① TP312.8

中国版本图书馆 CIP 数据核字 (2018) 第 300677 号

**物与词：超信息论与人工智能的语言学原理**
WU YU CI CHAO XINXILUN YU RENGONGZHINENG DE YUYANXUE YUANLI
史雷鸣　著

---

**责任编辑** / 张建明　刘　荣
**责任校对** / 李　曼
**装帧设计** / 贾　嫣
**出版发行** / 陕西师范大学出版总社有限公司
　　　　　　（西安市长安南路 199 号　邮编 710062）
**网　　址** / http://www.snupg.com
**经　　销** / 新华书店
**印　　刷** / 西安市建明工贸有限责任公司
**开　　本** / 787mm×1092mm 1/32
**印　　张** / 3.5
**字　　数** / 50 千
**版　　次** / 2019 年 1 月第 1 版
**印　　次** / 2019 年 1 月第 1 次印刷
**书　　号** / ISBN 978-7-5695-0545-0
**定　　价** / 20.00 元

---

读者购书、书店添货或发现印装质量问题，请与本社营销部联系调换。
电话：（029）85307864　85303622（传真）

# 序　言

世界复杂庞大，横亘于时光中，一切的原因造成今日的结果，而此刻无数的事件正影响着未来。

我们得以认识这个世界，至少是认识这个世界的一部分，是因为认识了其中的因果。

科学就是对这种因果的解读与理解。

人工智能历经了几十年的发展，我们都能感到一个人工智能的时代更在逐渐揭开序幕。从阿尔法狗战胜人类的围棋冠军，到自动驾驶和 AI 辅助的医疗诊断。

但人工智能到底是什么？我认为能够说清楚智能，才是人工智能发展的一个里程碑。

这显然是一个复杂的系统的问题。计算机专业和数学专业，都很难阐述清楚这个问题。尽管人工智能的实现依赖计算机系统和数学。

在很多年前，我开始为我的博士研究阶段选择方向和课题的时候，我选择了从语言学角度理解建筑、艺术和世界的方向。从那个时候开始，我努力用语言学和符号学建立对建筑和艺术的重新认识。那个努力的过程持续了四年。而研究的最后阶段，我的结果就是一个系统的完整的语言哲学，和语言科学理论。

在那个阶段，我建立了物质本身具有语言属性，人类的语言更多的是对物质本身的语言的模型的建立这样的一个基本理论基础。于是，一个拉通了科学、艺术，自然语言的线索出现了。语言是世界的全局性存在，甚至物理化学和生物学不过是对所指征的物质世界的语言建模。

在这个广义的语言学的理论建立过程中，一个新的认识论也伴随着浮现。现象、语言、本质三个要素，构成了广义语言论的新的认识论的三个核心要素。并且这三个要素彼此依赖。

　　在这个理论基础上，对信息论的理解，就有了哲学和科学层面的新的支撑和认识。用广义的语言论重新梳理并且解释信息论，我们可以发现信息论建立之初的哲学基础的不完备。也因此有了用语言论全面的重新理解和构建信息论的新版本的基础和可能。因此，在随后的研究中，我转向了语言与信息论的关系、语言与计算的关系、语言与人工智能的关系的研究和拓展。

　　而与此同时，语言和智能本身的关系，成了一个重要的突破方向。在冷静地从整体以及细节上的分析之后，我认为智能就是语言对现象和变量的命名与分析计算过程和结果。

　　智能不是一个实名词。智能就像波浪对于水一样，是另一些事物的过程和状态以及结果。就这一点而言，对语言本身的理解，的确有助于我们跳出之前的认识误区的错误概念的误导，智能不是一种物化的存在，是一些具有语言能力的叙述结构所产生的语言学的计算能力和对其他语言的解读能力。

　　这种语言现象和结构，在我所完成的广义语言论中已经进行过分析和论述。而这本书的重点是在这个基础上，用语言哲学和语言科学重新建构对人工智能的认识，并且直接通过语言学的数学化，建立用语言学混和数学形成的人工智能的科学原理和技术原理以及路线。

达尔文的进化论，使得我们理解了生物的整体性与进化演化，构建了生物学的统一的最基础原理。而广义语言，对于人工智能甚至于知识整体都有类似的基本原理和定律的意义。

本书，尝试了将语言放置在因果律和演化的基础上，从而将语言组织成为因果关系的演化进化网络。这个网络的拓扑，是有一定的确定性的。而这个拓扑关系中，隐含着语法和算法以及思维的路径。并且，这个语言网络因此成了一个拓扑化的数学模型，并且因此而彻底数学化、几何化。语言整体的数学化，形成的数学和拓扑结构，成为一种可计算的科学化的超级函数。并且可以用数据库得以高效实现。

这种理论，将人类的语言作为世界的地图和模型，用人类语言构建人工智能的语言库和语言算法，继承人类的知识体，并可自我进化。这样的软件和以后的硬件化，意味着存储是计算的重要组成部分，计算是计算，存储也是计算，检索也是计算。因此，在软硬件两个层面上，都存在对冯诺依曼体系突破的可能。

法国著名哲学家福柯，有一本著作《词与物》。而我们将在这本书中更加深入的理解词与物的关系。这本书叫作《物与词》，也是对福柯等哲学家，以及一百年的语言哲学发展的致敬。

写下这样一段算是导读的文章作为序言，主要是为了解释，为什么这本书叫作"超信息论与人工智能的语言学原理"，以及介绍这个基于语言学的人工智能原理研究的前因和前期的理论基础。

把这本书，献给我的父母、爱人，献给世界上对万物充满好奇的孩子们。献给即将到来的人工智能时代，或者说，机器智能的时代。那是一个新的纪元。

史雷鸣于西安

2018 年 12 月 18 日

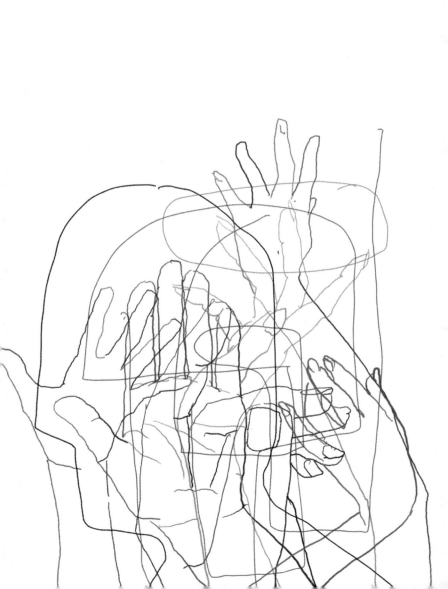

# 目录

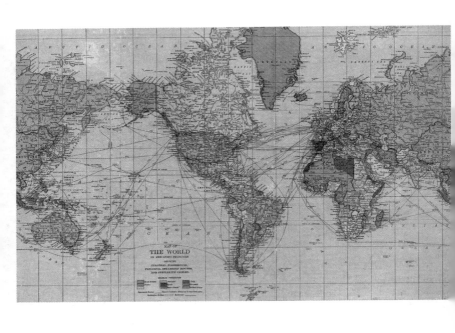

MAP OF
THE WORLD

## 智能是一个语言学问题

### 1. 世界是语言的

世界之所以能被描述，是因为其具有可被测量观察的属性和变量，形成了现象，当人类观察和定义到这种现象及其变量，创建了媒体符号予以指征，形成了媒体语言。对应的，被指征的存在的事物，其就是自身的语言，这种存在以能量和物质的方式构成了世界，它们是实在的物的语言，我们可以称之为物语。人类构建的文字，音乐，绘画，雕塑等语言，依赖于媒体表达。我们可以称之为媒语。计算机代码，也是一种媒语。其基础构成的0和1，可以用电，也可以用磁，也可以用光作为载体和媒体。而其约定的指征的意义，又以0和1两种符号作为表达。

**所有的语言都是符号系统。语言学的基础是符**

号学。作为符号学的开端，索绪尔创建了符号的模型和基础理论。他将符号分为了符形和符意两个部分。符形是它的形式或者载体，符意是其携带或者指征的意义。中文"树"和英文"tree"，它们所差别的就是符形，而其所指代的意义都是木本植物。人类的媒语是一种约定，尤其是文字语言。**媒语也是一种符号系统**。而自然存在的事物也是如此，其存在的物质能量本身就是其符形，其属性或者所具备的物理化学特性

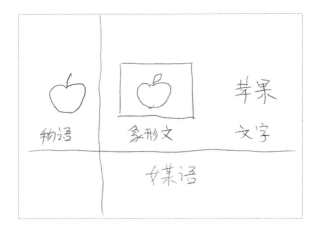

就是其符意。**人类对自然的研究，正是不断地对自然存在的拆分和破译，不断地创造新的媒语指征揭示所对应的物语。**例如原子、电子、夸克。物理和化学等自然科学，是对世界的解读和使用媒语为之构建的语言学模型。**整个自然科学就是解读自然的物语并用媒语为之建立模型的语言学成就和结果以及过程。**当然，图表、公式、数字，以及动画，都是一种媒语。

## 2. 知识是语言的

显而易见，人类的知识体系主要是以文字语言、图表、公式、数字构建的。图表公式和数字，是一些特殊的符号语言。还有一些知识，存在于文化和习惯中，以及口语与记忆中，或者存在于经验中。它们也是一种符号体系。只不过是没有被提取或者整理成严密和公共化的语言体系。即使是模糊的经验、工艺流程、行为，甚至我们的思考都是一种程序。**程序，本身是一个语言序列。**动物的行为植物的生长代谢，都是一种或者多种程序的混合。**程序，是语言的动态序列。**因此，人类所有的知识，都是语言或者类语言。

正是因为人类创造了媒语，可以将很多经验、认识，用媒体语言记录和传播，因此成为知识汇集记录转载传播的知识池，这种可以高效记录和传播的外部媒体载体语言，成为人类大脑和意识的外部存储器、网络、输入与输出设备，甚至外部的计算器，大大促进了人类的文化和文明的发展。或者说，构成了人类文明的基础。

人类构建的高等级知识以学科的方式被创建，而事实上每一个学科的构建和成熟，都以形成文字语言的理论和学说呈现。**每一个学科都以文字和图表以及公式的方式，完备地叙述和呈现自身。** 当然，本论文也是如此。

### 3. 智能为什么是一个语言学问题

现代人和原始人存在着巨大的智力差别。原始人和现代人的孩子在出生时其实差别甚小。或者说现代人出生的时候其实就是一个原始人甚至是一个小野兽。甚至一万年前的人类的大脑容量比现代人更大。他们后天的差异是造成这种差别的核心原因。他的经历和受教育的差异，构成了智力的差异。而现代人所受的教育，核心是体验和词语化。**受教育的过程就是一个构建词库、扩充词库和不断强化优化词语之间的关联性和解释关系的过程和体验。**朝鲜和韩国的国民的基因体质差别微乎其微，而他们的受教育与经验之后的词语库和词语解释关系的差别，构成了他们作为社会的整体以及个人的知识能力的较大差异。类似的这样的很多证据，可以帮助我们理解到，智能，取决于你认识多少事物，掌握多少词语，以及词语之间的关系构建，以及它们之间的解释关系的差异。

人类的思考，是以文字和图表为主要的方式进行的。我们一再解释图表是另外一种特殊的语言和符号系统。但其依然是一种语言系统。而语言是一个演进累积逐步构建的系统。人类的语言的源头，都有其最初的简单的普遍的常规的源自世界的自然现象及其变化和变量的原型。**最初的语言不过是对最基础的自然现象的特征和变量和变化的指征。**在此基础上，人类不断的细分现象及其变量，发现最初的朴素的逻辑，并以此为基础不断扩展发展而来。人类的整体的智力也伴随着这个语言和词语库的发展而发展。物理学、化学，即使今日复杂如此，也不过是特殊的细致的专门词典。

计算机技术的发展，更是证明了智能是语言的产物。运行于计算机的电流，不是智能。恰恰是其电流所承载的软件在硬件中进行运算，产生了低级基础的智能。以至于中国人把计算机这个事物翻译为电脑。这些目前看来很微弱的，需要人干涉的低级智能，是一种智能毫无疑问。而这种智能产生于软件，也就是程序之中。软件和程序不过是人类预定规范形成的一种特殊的二进制代码语言而已。即使是软件所运行的硬件，也是一种被指令代码化的逻辑硬件。那些硬件内置的逻辑也是一种语言。**当然，没有软件运行的计算机硬件，智能约等于零。**

我们用这样一些比较和分析的办法，可以理解到智能存在于语言中。从计算机硬件和软件的关系中也可以理解到人类不过是**一台生物化学的语言机器和其中运行的语言程序**。其他生物也是如此。

因此，脑科学和类脑计算，试图通过彻底的破解脑部的物理化学构造来理解智能的这种方法固然可以，但艰难而且并无必要。对于人类的语言如何产生、如何扩展、如何发展，对于语言学的进化演进历史，以及语言规律本身的分析和理解，是另一个高效的路径。甚至，对语言和人的认知的特征的解读，有可能完全不需要了解脑的细节构造，而构建出类似的处理语言和图表的人工智能。**如果能够无障碍的使用语言和图表，并进一步拥有一些自定义语言，自学习能力，那么那个人工智能就足以成为超越人的智能。** 就如同，不同指令和结构的 CPU，都可以产生高效的程序。我们不必在结构上破解复制一个 CPU，却可以在指令层面上兼容，从而生产一个兼容的 CPU 一样。类似于 AMD 不需解剖理解 INTEL 芯片，从指令代码上兼容，就可以达到类似的效果。

因此，从语言的角度看待智能完全是一个语言问题。人工智能更是如此。即使是使用多种的数学方法，也依然是一个语言问题。数学，也是一个特殊的符号语言系统。甚至，我们可以判断，**理解继承人类的语言语法词库和词语关系，是类脑计算人工机器意识的核心途径，甚至是最佳路径。**

## 智能是一个词语构成的知识体网络

### 1. 行动是程序，程序是语言

如前文所述，语言是世界的属性，也是本质之一。目前的物理学认为世界是由最基础的物质能量时空单位构成的。物理学的任务就是努力解读这种结构与属性。我们可以将那种最基础的物质能量存在，看作是"物根"，与之相对应的，物根也是世界的最基础的语言单位，我们可以称之为"语根"。**物根和语根是同一的存在。**世界由此一层层建构，类似于计算机的硬件系统和软件系统，**物质和语言构成了双重的世界。**在可理解的世界范围之内，一切物质都具有语言属性和意义。而一切语言都依赖物质载体。媒体语言可以更换载体。物语则是其物与语言的同构同在。**世界所**

发生的一切，都是由物自身的变化和物之间的互相作用和变化引起的事件集合。事件由更基础的存在和行为过程构成。至今日，很多宇宙的信息在时间中消散，也有一些事件的信息被我们读取理解。这篇论文也是新的一个事件的实例。

因此，一切行动和事件，都同时是一个语言存在，是一个语言序列。人类的思维整体性的依赖现象、符号、对象、行动、空间和时间作为基础叙述，就如同一只猎豹捕猎，它的行动的每一次调整，都是多个程序综合影响结果，它的捕猎行为是由很多个程序和语言序列构成的集合。

前文我们叙述了程序是语言。**没有凭空产生的程序和行动，它们都具有物语或者媒语的基础和前因。**因此，所有的存在，都可以被语言描述。因为在最基础的层面，媒语不过是对物语的指征、翻译和建模。**媒体语言的基础就是对物语世界的模型构建。**而媒语的源头一层层退回其基础部分，就会追溯到物质和物语的基础之上。

2. 变量是信息，变量是词语

信息论一经提出，就震撼并逐渐深刻改变了世界。但是需要质疑的是，信息被名词化材料化了，忽略了物语本身是名词动词同在的，也就是说自然层面的物其信息与算法与计算是同在的。一个氧原子和两个氢原子在合适的条件下，自己的固有的物理化学属性就会发生化合，形成水分子。它们既是名词的，也是动词的，也是过程的。但是其语法也就是物理化学属性却是恒定的。

信息论是巨大的突破，同时也是一种巨大的误读。它不是一个错误，而是发生了巨大的遗漏。信息论将信息材料化，将计算剥离。这种模型在两个系统合一的时候是有效的。计算机的硬件更多的承载计算，而软件更多的作为材料。而自然世界，它们是一体的。**自然中的物语发生其计算和作用的时候，既有时间上的串列属性**，也同时具备空间的并列并发属性。而人类的媒体语言是整体的使用时间串列的语言描述和计算，并试图描述并发并列的对象和事件。在人类的媒语层面，很多并发并列或者同构并计算的物语事件，不可避免的拆分并进行串列的描述和计算。这种拆分，将物语并发的内在的计算，从物语本身剥离了。从而在一定程度上误导了我们对物语的认知，和对信息的理解。

计算机硬件和软件也因为这种媒语将物语与其并发的计算的分离，而具有一些新的优势。也同时存在理解上的一些误区。并且影响到了人们对于之后的信息科学和智能的一些判断。因此，本文作者曾经用广义语言论尝试补充和修正这些认识，回到语言中理解信息，将信息作为语言的子集和基础，用广义语言论作为信息论的升级和替代。

对于信息的定义和概念，也一直存在着争议和模糊性。本文作者在之前完成的"广义语言论"中将信息定义为现象的变量。**在物质基础上，最小的单位就是最基础的物质能量的单位上的存在与否和性质以及数量的变化形成的"变量"。**绝对的信息，就是语言，相对的信息，仅仅是一些差异的变量。

信息技术因此用 0 和 1 两种相对的变量之间的差异作为载体，因此进入了二进制数字的便捷的技术路线。这是因为二进制可以通过复杂数据结构叠加扩展模拟更复杂的变量，而且二进制在电路、磁性物体、光学和无线电中很容易实现。但是，这不是信息的全部，更不是信息论的全部。只是信息和语言的一个极为简化的最基础的特例。因为其在当时的历史条件下具有技术实现的低难度和经济性。

对于物语而言，"变量"构成了"词语""语言"与"言语"。对于人类的媒语而言，媒语的源头来自对现象的变量的"指征"和描述。物语是第一性

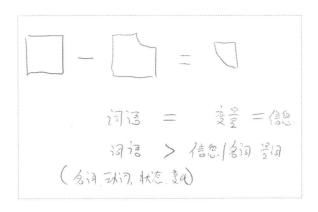

的，媒语是人类基于对物语的描述和建模形成的第二性的衍生物。但是媒语产生了更丰富的语言世界，甚至将物理化学看不见但是真实存在的语法予以建模和显现。

3. 人类的高级智能与语言发展的相关性

**人类的高级智能，发生在语言被创建和使用中，**尤其是"文字"这种语言形式。人类具有了大脑之外的第二意识工具。语言文字既作为外部存储器，也作为网络信息包，也作为计算程序，并且在公共化中成为一个庞大的开放的网络。所有的人联网于其上，共同构成了一台强大的语言机器和复杂的多进程的软件程序。**人类社会网络整体可以看作一台计算机，而语言是其中的软件，媒体语言是其核心软件和程序。**

因此，人类的智能发生了质的变化，新的知识都依赖于之前知识的累计和发展，每一个人都有机会继承获得之前的知识。教育就是系统高效继承这个知识体系和其智能的基础版本。

这种语言现象和被忽视的庞大的公共语言机器，

是决定了人类远远超越基因与人类差别不大的猩猩以及其他高等动物的核心因素。**人类通过语言网络自组装出一台超级网络计算机，我们每一个人构成了内部的一个单元。**一些当今依然存在的原始部落，他们和现代人类社会之间的差异，更能够说明这种问题。他们是隔绝于这个庞大的性能和数据优越的大型网络之外的小型网络，它们的信息承载和计算的能力远远落后于现代社会。而和现代社会联网，交换信息，则可以迅速将其小部落的语言知识和智能以及文明大幅提升。

### 4. 人类是语言的载体，语言是智能的载体

人类的语言是被人类作为整体创造和传播保存的，人类成为人类创造的媒体语言的载体。每一个人都是有限的。而语言却发展壮大了。类似于微软的操作系统和软件与计算机之间的关系。

**人工智能以软件为载体，软件以硬件为载体。**我们可以因此双重的理解智能和人工智能的性质。就智能而言，**人也是一台自然演化发展而来的生物化**

**学机器**，这部机器更是一台语言机器。决定他的结构的是 DNA，而 DNA 是由四种碱基构成的化学分子序列，是一个化学代码语言序列。**人体内部的运作，依赖着身体内部庞大的多个生物化学指令系统，人体之内，运行着无数的程序**。而大脑的运作是其中特殊的程序。而语言的出现，是内部的算法开始以符号作为基本单位进行运算的时候，自然而然的外部映射的产物。人类的早期语言不过是对一些现象符号的指征而已。类似于象形文字。但是媒体语言形成以后，它就不仅仅是符号，它在形成逻辑之后，成为一个高度的运算环节。有时候，不是我们的脑子独立思考出一个复杂结果，是在媒体语言尤其是文字语言的写作和分析过程中，必然的推导出一些结论。因为，文字语言具备逻辑能力之后，它有了计算功能，而人的参与在大多数情况下，只是对这些逻辑人工输入变量，选择合适的逻辑，半人工的得到一些几乎必然的结果。或者说，**语言在具备逻辑之后，已经成为一种手工计算机**。只是程序运行需要人工驱动。

语言的发展，和人类的智能直接相关。**没有逻辑**

的语言，难以产生科学。庞大的词语库和知识体，和智能的能力正相关。今日，人类的语言词条多达几百万，论文和书籍多达几亿本。人类是语言的载体，而语言承载着智能。

在一定程度上，对语言本身的研究，就是对智能的研究。智能只是语言内部的一种结构、算法和数据库。人工智能终究是一种软件。软件终究是一种语言结构和语言运算以及语言结果。

## 词语库是一个基于树状混合网状的拓扑结构

### 1. 词语库与知识体的拓扑结构

人类的语言中词语是测量知识多少的重要量度。词语承载着文字语言。现代人类拥有多达几百万的词语或者词条。这大概是人类知识的一个量化度量的依据。一个人掌握的词语数量和专业词语数量，基本可以作为知识量的一种度量。

词典可以看作人类最早的系统化的公共词语库。文明发展伴随着这种词语的公共化和系统化。词典中的词语，并非毫无联系。事实上，词语之间存在着派生、继承、重组、解释等诸多关系。当我们整理这些词语的时候，会发现词语有着产生的时间序列的差异，尤其是词语的派生重构存在完全的先发后发关系。梳理这些词语之间的关系，可以得到词语在时间和空间上的拓扑关系。这种拓扑关系揭示了词语从古代原始语言到现代语言，从少数的直观的现象的描述指征发展到今天庞大的概念和复杂抽象对象之间的历史演进和解释。

**词语不仅仅是一个普通的库，其词语关系构成的拓扑关系，是一个时间序列上的复杂网络结构。**这种拓扑关系网络的开端词语，连接着人类最初能够观察到的自然的现象及其属性。这个网络最核心最强大的部分，就是逻辑、数学和科学。并且这个语言库还在沿着时间轴生长扩展。而新的词语来自新的现象的发现、新的概念的生成，并且依赖于之前的词语予以解释。

词语库的这种特性及其拓扑关系，揭示了词语和语言作为一个整体的具有信息存储、标记、指征和计算以及创建功能的语言机器及其软件的价值和意义。或者我们可以这样描述，**词语库，是人类的智能的累积迭代演进发展的模型和结果。**而智能和计算就以微妙的网络拓扑结构，以及词语之间解释所需要的逻辑和状态描述以及运算等方式系统性的并置同构存在。

我们需要注意的就是这种词语解释关系中包含了逻辑运算，和物语变化中自身的计算的描述。

以词语库为基础，文字语言和图表以及其他媒体语言，以及包含在人类社会中的本能、文化、经验、行为，作为一种广义的语言和知识的整体，成为人类的知识体。**知识体和宏观的人类语言的核心同构，以理性的思想哲学逻辑和科学技术为核心。**知识体由于混合了多种媒体语言和行动语言以及隐含的经验等程序语言，其拓扑关系更为复杂。但是知识体最紧凑的核心正是类似于"词典"和"百科"的词语库。因此，它有着和词语库相似的拓扑结构和性质。或者说，是一个更大更广义的"词语库"网络。

当我们将几百万个词条作为散乱的对象恢复其时间序列的派生和解释关系，以及其拓扑结构，词语库和知识体，作为一个整体的网络系统和算法的逻辑构件来看待时，我们可以获得语言与其自然源头的关系以及其自身作为一个数据库和运算器的属性，这是一个具备存储运算能力的动态扩展的网络，是一台可以扩展的计算机及其存储器与程序。这个意义是惊人的。

它的输入是一些新的现象的发现，和一些已有知识之间的矛盾和悖论，经过与已有词语和概念的关系的推理计算，输出为新的概念词语和理论。

"语言"本身是一个动态的运算和无限扩展的网络及其数据与软件。语言中最理性的逻辑和语法，构成了它自身基础的运算算法。人类成为这个网络外部的人工干预参与的一部分。但是，这个语言的算法和结构可以在类似计算机等机器中存在运行，并在理论上完全可以摆脱人的干预自动运行计算。

这其实就是人工智能的目标和途径，也是我们理解语言的意义之所在。人类曾经是这种自己创造的媒体语言的载体和一部分运算环节，而从前文分析中，我们可以看出，这些人类创造的语言本身就是一种具有运算算法的程序，并且可以在人类创造的类似计算机那样的语言机器中独立运行。就正如，基因作为一段程序，在生物这部生物化学机器中运行一样。

而有趣和有价值的是，我们可以整理出这个词语库及其拓扑关系，以及拓扑关系中的逻辑语法和算法。

并且这个网络和词语库可以迁移进计算机并自主运行。这也在一定程度上揭示了人工智能可以很好并且应该从人类的词语库和知识体中继承这种知识体及其程序。同时，我们也通过这个认识理解到了智能和人工智能的根本性地的语言属性。

## 2. 树状混合网状结构

前文所探讨的词语库的拓扑网络，如果进一步拆分，可以分为一棵不断分支的多叉树树状网络，有少量起点的初始节点，有很多的新生节点，以及所有树状网络和新节点之间的结合并以新的结合点作为结点，甚至产生更多分支。这三个部分，构成了一个树状结构和一个网络结构的混合。

而所有有派生和解释关系的节点之间的联系，其中包含有多种逻辑的描述和运算。这个网络复杂的链接关系，是由几十种基础的理性的逻辑和状态语法形成算法完成的。对应着这些连线，运算和解释就是这些链接关系的路径和意义。

这个网络结构比较复杂。以人类已有的几百万个词条的词语库的容量，加上复杂的链接和解释关系，形成了多种路径。这些路径的权重的区别，是受到很多其他环境和条件影响而有所差异的。

这个网络的拓扑结构类似于社交软件中的好友关系。或者说每一个人的通讯录中的节点和互相连接关系。在一定意义上，这个词语库的复杂度接近于一个几百万人使用的社交软件的复杂度，或者几百万人口的城市的社交关系。但是，其内里的链接解释关系中的逻辑算法要远远复杂于通讯录中简单的连接关系。但复杂度也仅仅高出几个数量级。

这意味着这个网络，我们可以在很经济的情况下得以使用计算机网络或者手机网络用软件予以模拟和实现。

与此同时，我们整理人类的技术和产品的演进发展，也有类似的拓扑结构。和生物的树状的分化进化不同，人类的技术产品也是可以由多个已有技术合并派生新技术新产品的。**技术演进的拓扑网络和人类的词语知识演进有同构关系，也是人类的词语库和知识体的重要的核心的部分。**一般意义上我们称之为技术树,但是这个技术树和词语拓扑网络的结构更为类似,是由一个多叉树与一个网状结构共同组成。

这个复杂的词语拓扑网络结构有着因果关系,是知识的结构和地图,包含着所有的知识词语之间的关系,任何一句语言都可以在这个网络中找到对应的词语与词语关系,或者说,任何一段文字都可以使用这个网络构成或者分析。这个网络与地图或者人的社会交往网络也有着相似的结构和意义。

树状网络和树状网络混合网络

### 3. 所是与所能，名词与动词

哲学中，一直在研究被称之为"存在"的概念，也就是"BE"的问题，对应着自然的世界基础，那样的概念大致可以理解为一个事物是什么的问题，或者一个事物是怎样的存在。

现实中，绝大多数的事物，是不能由一个静态孤立的概念定义的。因为，现代物理所揭示的事物是由最基础的物质能量单位在不同的能量状态下一层层构建的。最基础的这个单位，目前被定义在"夸克"等基本粒子这个层面上。世界由最基础的物质能量单位一层层构建了宇宙和事件。因此，除了最基础的单位之外，其他的事物在自己的结构层次上有其特征和主体性，而下探到更深入的基础层面，是由另一些更基础的单位构建成"它"的。**在世界的这种建构中，存在着过程和变化，事物和事物，事物和子事物之间存在着很多复杂的物理化学关系和算法。**并且事物的变化需要消耗时间，是一个动态的过程。因此，事物之间存在着动词与被动，互动变化等一系列状态和属性变化。这就是静态的"BE"所不能准确地表达的，也不是静态的孤立的"存在"所能描述和解释的。

因此，哲学在"BE"这个概念之外，必须有一个同样重要甚至更重要的概念来完成认知和解释，一些学者认为应该有"TO BE"这样的概念。如果我们将"BE"或者"存在"定义为"所是"，那么，那些事物单位具备变化的属性以及发生变化过程的能力，我们可以定义为"所能"，在英语中，这个概念接近"CAN DO"或者"DO"。

"所能"的概念对于我们理解事物本质有重要的帮助。它可以将世界的动态性、网络性和因果性组织起来。从而从最基础单位到全局建立整体的认识。

和前文所说的词语库拓扑网络关联分析，"所是"指代的就是词语，而"所能"就是词语之间关联的连接与包含其中的语法算法。**所是与所能，构建了语言的整体。**而参照符号学中的符号的符形与符意，这两者也存在类似的关系。所是，是一个事物的存在及状态，而所能就是它的属性和所能发生的变化和算法。**物理世界的所是和所能，也在结构的派生和建构的层级中，以层级的方式呈现。**正如词语的派生演进和叠加，物理世界的所是与所能也在结构的派生建构层级中，层级出现。一个事物的符形或者所是，正是其低一层的事物的所能。世界如此叠加层级建构。

　　所是与所能也因此可以深刻的从本质层面上补充符号学所约定的符形和符意，并进一步揭示了语言的特征和本质，以及揭示了语言本质的内含算法。

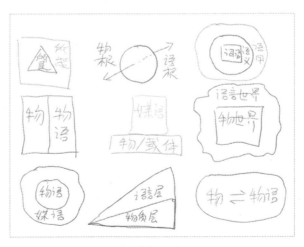

所是与所能

所是与所能，对于理解语言、符号、信息论、物理以及人工智能都提供了新的工具、新的依据，以及新的途径。对于认识论和认知以及意识的理解也提供了新的模型。

4. 语言包含计算，理性语言是一个逻辑运算语言

语言混沌庞大，人类的媒体语言中，我们可以将之分为理性的语言，和非理性的语言。将非理性的语言搁置，理性语言都有着严密的语法和算法。具备了严密的逻辑、结构、丰富的介词、结构助词和时态以及主被动关系的语言，甚至还需要区分虚名词实名词，这样的语言构成了理性语言。理性语言具备了几十种由基础的逻辑衍生的运算算法和结构，能够进行各种逻辑判断运算，以及对对象的抽象与层级分析。

人类的语言，是一种强大的运算工具和程序。经过数学训练的孩子，在掌握这种语法之后，可以迅速运算出一个数学题的必然结果。人类的知识进步，也有赖于这种语言所具备的能力与运用它进行的分析

和判断。只不过，之前的世界，人类作为这种自己创造出来的语言计算机的一部分和计算的一个环节。而在理论上，**适当的语言机器和程序算法，可以在没有人的参与下完成自动的运算和分析。**

语言的运算，结合之前所论述的词语库拓扑网络，其运算和表达，是若干个词语之间的结合了连接与语法和算法的路径搜索。我们可以将任何一句话，分解

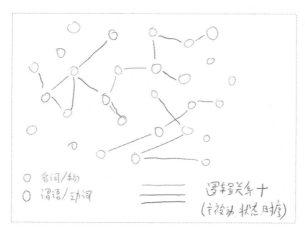

语言的逻辑与计算功能

成为词语拓扑网络上的词语节点和连接线。甚至可以使用词语节点和连接关系，定义新的词语概念节点。而词语之间的连接连线中包含了不同的逻辑语法算法。整个理性的词语拓扑网络就是由节点连接和逻辑算法以及状态和介词构成的一整块类似逻辑电路的逻辑结构和机器。

在以后的专项或者具体的研究中，我们将尝试整理这些语言的逻辑算法的类型和精准的结构和数量。

## 5. 语言的基本算法和语法

粗略的分析语言，我们可以初步的得到语言的基本算法和语法。

由于我们所了解的一切真实的事件和现象，都存在于宇宙这个物理时空容器之内。它们都是 138 亿年前宇宙大爆炸之后的整体的宇宙事件中的一部分。这个宇宙的空间时间维度和坐标，构成了所有存在及其空间时间的坐标和基础。因此，语言必须要包含对于时间和空间坐标以及运动的叙述和语法。足够的介词对于空间和运动的说明是必需的。时间和时态也是必要的。主被动关系也不可或缺。在一些语言的叙述习惯中，一些类似这些叙述可以省略。但就语言语法和算法而言，那样的语法算法是必需的。

因此，**语言本身就是基于物理事件的一种模型描述**。在人类发现概括的形式逻辑之外或者之下，存在着广泛的物理上发现的事实逻辑或者现实逻辑或者具体逻辑。形式逻辑只是普遍的现实逻辑的抽象的基本的结构和算法。**广泛的现实和事实逻辑，源自于自然和现实，是广泛的实际算法。**人类的词语库和知识体的累计就是这种对现实逻辑的发现认识和累积。**人类的新的知识和词语，就是在广泛的已经发现的现实逻辑形式逻辑和新发现的现象和逻辑之间的矛盾和悖论中，发现并定义新的问题，从而寻求新的解答解读和定义新的概念和词语。**

而数学和几何以及物理化学公式，是基础的理性语言的逻辑算法基础上推演发展的专门的符号和算法，就如同在汇编语言基础上创建的 C 语言。它们在本质上是相通的。

具体的语言的基本算法和语法，需要进一步精确化研究和分析。

6. 象形文字作为语言的源头与揭示

在人类的文字语言的源头，是象形文字。象形文字如此有趣，也富有深意。象形文字可以看作之后发展的抽象语言的基础。抽象的语言拼写和叙述更加简捷广泛，但是学习更难。象形文字则是现实世界的现象和事件与抽象的文字概念之间的桥梁。所有的文字语言都可以退回到象形文字源头。象形文字在抽象文字高度发达的时代，也并没有消亡，而是作为词典中的插图、图表，甚至是网络时代的视频和动画这些形式，渗透在人类的语言之中。甚至是哲学和科学研究的重要工具、表达方式和思维工具。

在另一方面，象形文字作为绘画雕塑等视觉艺术的语意，从来就是一种重要的叙述与内容。甚至于商业社会中的商标，和很多宗教和机构的徽标，都是一种象形文字。我们也可以将声音等感官符号理解为象形文字。

在观念的世界里，在抽象的文字语言世界里，那些观念和概念和词语，与世界中的对象的关系往往依赖于象形文字的指征和联系。很多图解百科，就是在大量使用绘画或者摄影这种象形文字包括动画这种进一步发展了的动态象形文字，进行迅速高效的叙述和清晰地表达。

因此，计算机和人工智能的视觉，是一个极为重要的研究课题。在图像识别和自动驾驶等领域，将图像再次理解为象形文字，将大大加速人工智能与现实世界的联系和对现实世界的理解，以及建立视觉与语

象形文字

言拓扑网络之间的映像和关联与计算分析。成为词语拓扑网络的延伸和扩展。

### 7. 文字图表和动画可以指征解释一切

目前，人类使用文字语言和图表以及动画，可以指征表达几乎所有已知的知识和世界。

计算机视觉和人工智能的视觉，进行象形文字的语义研究和使用象形文字的工具和方法拉通与文字语言之间的解释和联系，显得必要和必然。

视觉系统存在着时间、空间、动态、主被动关系、运动等一系列的信息和语言要素。发展出来视觉，是从低级的动物发展成较为高级的动物的一个台阶。而视觉构成了高级动物的信息核心。也就是说，绝大部分高级动物依赖着简单的象形文字进行着思考和判断。它们是象形文字的读者。它们的身体语言是一种本能的外在象形文字。而直到人类，才成为象形文字的书写者，并完成象形文字的媒体化。

我们也可以依此判断，象形文字是跨域自然和抽象语言之间的桥梁。象形文字是一种较为低级的语言，与自然世界的原型对象与现象关系紧密。抽象的文字语言是更高级进化的语言。文字语言强于复杂性的叙述和复杂的逻辑分析。文字语言大幅地提升了其使用者的智能。

象形文字作为一种重要的补充，对于文字语言有着直观的解释并建立和世界的对象原型的映射关系，甚至在进一步简化的图表这种语言中，指征抽象概念和事物，对抽象对象和事物进行感官和形象表达，都不可或缺。

今日的词典、百科，甚至物理化学，都无法离开象形文字、图表文字。而我们使用文字语言，混合插图图表动画等象形文字，几乎描述了世界的一切。

因此，读图成为人工智能必须要面对和解决的一个课题。而象形文字也存在着类似词语拓扑网络中的互相解释关系和叠加派生关系，以及一些不完整的逻辑和语法。象形文字很多是和语言文字同构的。或者说，象形文字和语言文字之间是可以互相翻译互相指征以及互相征用的。

在词语库拓扑网络中，象形文字可以以插图图表和动画的方式，成为词语节点的补充子节点，甚至可以成为独立的节点。而它与词语之间的翻译和关系是核心的。象形文字的读取、区分、语义的提取，以及畸变和意义模糊以及多义等问题的修正，是一个比较复杂的技术问题。

或者说，一个词语拓扑网络，没有图表动画等象形文字的存在，是不完整，是残缺的，其和世界的关联是缺失的，语义也是不完整的。**人工智能要达到和超越人的智能，必须在词语拓扑网络和结合象形文字理解上都要达到和超越人的能力。**

图表、动画、摄影，以及实物的图像本身，都等效于象形文字。或者说，象形文字具有更广义的范围的形式。

8. 词典与作为词典 2.0 的维基百科以及作为人工智能基础的树网结构动态词典 3.0

在人类的语言和知识建构中，词典是最成熟、最具有清晰结构和形式的一种公共化的集合。**词典是伟大的创造，是语言的最核心紧凑的内核和模型。**

网络出现之后，开放的网络百科，成为了词典的扩展和发展,网络百科本质上是一个更开放、动态扩展、互相链接的词语库和词典。

但是词典的结构是按照词语的字母顺序进行排序的。每一个节点都是一个词语或者词条,下面的解释信息隐含着其与其他词条之间的连接和解释关系。这种线性的排序,破坏了词语本身在演进中的时间序列,或者发生的前因和后果。词典的解释中隐含连接和算法以及关系,但是,这种算法不能自动运行。

以维基百科为代表的网络百科词典,则是类似于搜索的输入查询方式,其词条并不按照词典的字母序列排序组织。维基百科的词条解释中,包含了和其他词语的链接关系,解释关系,和运算关系。其中的链接词条有一部分可以跳转,但却依赖于阅读者的人工干预完成。如果人工干预的链接延伸阅读和搜索,被一定的算法替代,则维基百科内部的词条是可以完成自动的链接解释关系的路径搜索。这种路径搜索,在一定程度上,就是对一个事物的定义理解与运算,这在一定程度上就是思考和意识。

意识并不独立存在。存在于软件和程序之间的对象指征物之间的关系中。

这两种词典，都没有很好地将树网拓扑结构网络的词语库，完整的本质的体现出来。词典类似于将每一个词语从网络中摘取，将与它存在连接和解释关系的其他词语之间的连接折叠，作为独立词条的解释项。这就类似于将一棵时间轴上的树网每一个节点切断，为每一个节点标注与其他节点的连接关系，然后将这些节点按照大小顺序排列。

而维基百科，则类似于将这个树网的连接关系都置换成柔软的线，然后，这个树网像一个渔网一样堆放在平面上。虽然，每一个词条与其他词条的连接和解释关系完备。但却损失了时间序列的直观，和复杂拓扑关系的几何图像直观。

因此，用合适的数据结构和界面，生成能够完整呈现词语库的拓扑网络，是一个需要研究的课题。类似于3D形态，在空间中以三维的方式构建一个几何化的拓扑网络模型，每一个节点是一个词条，词条之间的连接存在着解释关系。或者说，对一个词条的解释是对连接的其他的词条的路径搜索和访问。连接的线既是连接关系，也同时是多种逻辑和语法中的一种或者几种。这种时间序列上的 3D 拓扑网络词语库，通过将二维界面一维线性数据方式的词典，和二维界面一维数据加链接拓展的网络百科辞典，扩展为 3D 界面三维甚至更多维的数据方式和结构，从而还原词语库精巧的时间序列上的拓扑网络结构和关系。词语到词语之间的连接解释关系，构成路径。路径也许会有多条，对路径的搜索和权重的分析，构成了解释，或者说理解。这些词条中一部分通过象形文字指征连接着自然世界和现象，一部分连接着高度抽象的概念，由于词语之间部分的意义重叠，这种对一个词条的解释将存在多个路径，和不同深度广度的解释。这种解释都通过词条之间的连接和运算，形成词语库整体的拓扑网络中的一个局部。如果输入适当的信息，和自动的搜索，以及运算，并且对解释路径的权重予以学习和改变，引入深度学习机制，那么，经过适当的训练，这个词语库将可以自动对外部的输入信息做出反应解释和判断。并且在这个过程中，思考和意识，可以被理解为路径搜索和运算。

　　当然，这还需要对主体程序进行建构，形成类似"我"这样的高权重程序和进程，来实现其主体意识。通过扩展程序，模拟形成"问题""疑问"甚至暂时性搁置等与意识活动相关的子程序和进程。

　　在这个词库的基础上，自定义新词语，将成为重要的方向和功能。那意味着，词语库自己具备继承和进化的可能和路径。

　　这样的具备词语语言史性质，在时间序列上组织的树状混合拓扑网络词语库，构成了与之前的词典与网络百科完全不同的自动"辞典系统"。这是一个具有语言演进历史进化能力和自动思考能力的词典系统。这个系统揭示和构建了思考和意识的模型和能力。

　　与词典和网络百科一样，这个更高版本的智能化的词典，也需要大量的图表动画作为补充和对词条的解释以及连接指征现象和自然。我们可以将之理解为人类语言发展史上的词典3.0。树网拓扑词语库，其抽象的拓扑结构，不仅是语言的模型，也是人类的神经网络的模型。

神经元（触突）之间的连接，也有类似的拓扑结构和数据结构。人类大约有不到一千亿个脑神经元，其中的每一个最多与另外一千个建立连接。**儿童和成年人的脑部最大的差别就是，成年人经过长期的学习和思考，神经元之间建立了复杂的多重的连接网络。**类似发达地区的道路网极为密集。我们认为词语

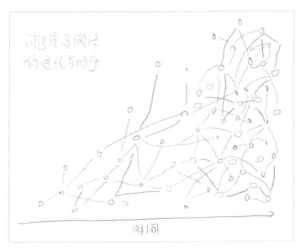

时序下 3D 词语拓扑网络的演化进化

的这种拓扑结构和大脑的拓扑结构之间的相似性，不
是偶尔，而是同一个复杂的逻辑化的拓扑网络数据结
构和算法的硬件版本和软件版本。它们在一定程度上
是同构的。

四

## 数学是语言的分支以及语言的离散数学内核

### 1. 数学是语言的特殊分支

数学是一个庞大的学科。但是，数学并不是混乱无序的。它是一个极其严密，依赖于逻辑的学科。

但是，只要作为一个学科出现，那个领域的知识一定会以文字或者混合图表公式以及特殊约定的符号构成其陈述和载体。

在这个层面上，数学和物理化学一样，必然是语言的一个理性的子集。其载体和思考工具依然是语言的，其结果也必然是语言的。

不仅如此，数学在一百多年前，遇见了自己的危机，就是数学本身的大厦辉煌高大精美复杂，分支繁多，但是数学却存在着理论基础的根基缺失的问题。

数学是什么，研究什么，数学的根源是什么，成了一个问题。尽管数学取得了很多不同分支领域辉煌的成就。数学界给出的解答是构建了"集合论"，并且将集合论作为数学的基础和根基。所有的数学问题和分支，都可以在一些严密的集合约定的前提和范围之内定义和推演。集合论因此成为数学的真正的理论基础以及根部和起点。

　　而集合论却是一个以逻辑和严密的语言构成的集合系统。逻辑和语言成为集合论的基础。逻辑有其牢固的基础，而语言，本身携带着语义。也就是说，**数学作为一个量化的计算语言系统，其携带的意义需要语言完成**。甚至其定义和推演和运算，本身就是语言的。集合论，逻辑，成为了数学和语言之间连接的桥梁，也同时是作为语言的分支的数学的起点。

　　我们对世界的理解分为定性和定量。定性的问题就是哲学和科学所研究的所是，或者说传统哲学意义上的"BE"的问题，以及我们前文中提出的所能的问题。而数学是关于定性之后的定量问题的，关于定量的测量和计算。因此，数学的"语义"缺失，需要和现实世界发生关系，就需要回到定性的语言中获得支持，并建立和世界的联系。

因此,纯粹的数学方法解决人工智能问题的方案,似乎是艰难和不完备的,就如同物理,既存在着文字图表的定性研究和模型,也存在着公式和其中的数学计算算法。数学是物理的工具,数学本身并不能描述整个世界。而物理是定性、结构、逻辑等语言模型混合数学语言工具与模型的综合理性语言。

因此,纯粹数学所构建的人工智能,是一个语义匮乏,数据类型单一,并且功能单一但是高效的系统。这个系统,由于语义的缺失,符号的贫乏,很难构建产生复杂的意识。而更多的是一种类似骑自行车、游泳和高级动物的捕猎训练那样的简单高效的机能性智能。类似于围棋中打败人类选手的阿尔法狗,更多的是一个数学的概率优化的自学习自适应的动态调整统计数学算法和库。

而如果需要高级的智能,则必须进入一个复杂的词语语义拓扑库,其中的拓扑关系,既是词语之间的连接和解释,也包含着复杂的多样的逻辑算法,同时都具备丰富明确的语义。

　　纯粹数学的方法也许可以经过长期的进化训练演进发展形成类似的拓扑结构。但是，从词语库庞大的数量和其与世界的关系上的复杂度来看，自然进化出或者训练出这样的复杂拓扑网络及其内部逻辑结构，是艰难低效的，而一旦其训练进化出那样的拓扑网络，作为结点的结构一定是一种符号，是一种类似于外语的词语，其语法，也必然有和人类语言类似的语法。或者说，这个时候，这个数学方法的人工智能进化成了我们所分析的词语语义拓扑网络了。

　　毕竟人类的语言库，是之前的三十八亿年生物进化史，从 DNA 到神经系统以及结构迭代并经过生物中处于最高级阶段的原始人类的几百万年的进化累计产生的。那中间经过遗传变异自然选择并以无数代生物体和无数的海量的生物个体作为载体和单元筛选和累积而成，在进入人类阶段，才继承发展演化出了人类的本能及其算法，视觉的神经系统算法，以及具备了创造语言文字，并以此为基础进行复杂思考，并将思考的进展进一步语言文字化的能力。即使是在文字语言阶段，文字语言也历经了几千年，由几百亿人次的人类承载累积逐渐演进到今天的复杂庞大的拓扑结构和逻辑结构以及词语库。软件以单纯的数学的方式，自然学习发展出这样的拓扑网络库和算法，在理论上有可能，但在目前的技术现实中概率微小到几乎可以忽视。

但是，数学本身，却可以帮助文字语言和词语库，成为数字化代码化的模型。就正如计算机的二进制代码模拟指征几乎所有可以被语言化的对象。在这个问题上，数学是被语言定义过的。并不存在纯粹的数学。**或者数学所指征的数学世界是纯粹的，而数学自身却是严密的语言系统**。而它的指征物，也有着基础的语言属性。

2. 几何作为空间的语言表达与运算

如果把几何独立出来，作为一个子学科，几何依然是一个严密的语言体系。并且依赖着文字语言的定义，以及几何图示进行呈现记录运算。几何图示本身就是一个严密的抽象化的象形文字系统。

几何主要研究空间的定性和量化关系。

因此，几何既具有数学的量化计算算法和关系的研究和问题,也有对空间的定性定义和测量计算问题。因此,物理依赖于数学,在一些具体情况中也依赖于几何,物理是研究自然中的物质能量单元在空间时间上的尺度运动能量质量变化以及能量质量的性质和结构变化甚至时间空间本身变化的学科。

**几何是一个空间系统和运动系统的描述,分析和计算的语言和算法的集合。**

当然,我们也可以发现几何与数学之间的紧密关系,和其中大量的互相关联与互译和转换。而且,几何也被作为数学学科的一个子集。而支撑计算机软件的离散数学中,图论和拓扑学,更主要是一个几何问题。

3. 集合论是数学和语言以及逻辑的交集与桥梁

集合论作为数学的基础和数学与语言之间的桥梁,而集合本身可以是一个完全的逻辑化的语言的描述。集合论本身,成为数学的基础,也是数学的一个分支。

集合论和图论,以及布尔代数,还有拓扑学,也被称之为离散数学。这几个数学分支,构成了信息论和计算机软件学科的重要支撑和基础。而这些数学分支也恰恰是人类的文字语言和象形文字图像语言的抽象模型。在一定程度上，它们和文字以及图像语言构成了互为表里的同构关系。

我们刚好可以使用集合、逻辑、图论和拓扑几个子学科，构建出词语拓扑网络的模型，并使之运转运算，从而完成自然语言的拓扑化、几何化、数学化以及自然科学化。

4. 数学基础构建的人工智能的特征优势与局限性

目前的人工智能，基本都属于弱人工智能，少量的属于强人工智能，目前还没有类似人的思维方式和智力水平的人工智能和超越人的人工智能。以在围棋中打败人类的阿尔法狗为例，它们是在一个狭窄领域，针对专门的数据和有限的少量参数，进行数学优化的简单决策系统。它们是一个高效复杂的数学系统和工具。

类似的，人类在发明语言产生高级智能之前，甚至人类的灵长类祖先，神经系统本身也隐含了类似的机能。比如人类孩童对走路的学习，针对走路地不断地动作协调性优化。这种学习程序，意识极为简单。反复训练，优化调整参数，可以形成一个多参数，多变量的自适应的动态计算系统。人类孩童的学习过程也是如此。大量的阅读和纠错，大量的训练，习得对事物的基础认识和记忆。深度学习的软件和人工智能与此类似。但是其软件内部，主要是一些狭窄领域的参数特征的学习计算和权重的调整。并不是一个广义的通用的人工智能。因为其庞大的计算，参数的语义很少。其整个软件系统，并不是建立在通用语言库的基础上。它们是在很狭窄的几个语义范围内的大量数据和计算的系统。可以看作是语义狭窄，极少量词语语义范围内的深度的数学优化和权重调整。与之相对的是，基于语言语义词语拓扑网络的人工智能，是一个巨量词语，深度语义下的简单有限逻辑和数学计算。

正如前文所述，人类的语言文字的发明，才在语言的基础上构建了高级的复杂的智能。因此，词语库本身的容量，词语之间的解释和计算，是通用的智能的表征和度量。目前的基于数学的狭窄领域的人工智能更多的是一个数学系统，因为从本质上缺少语言和语义的广度和深度。

类似图像识别，和汽车的自动驾驶，这些人工智能目前取得进展的领域，也都有类似特征。并不需要学校教育，人类的儿童就可以习得人脸识别，也可以完成学成复杂路况的行走与规避。甚至一些高级动物也具备此能力。

由于语言库与语义的缺失，数学化的人工智能主要依赖庞大数据的计算和选择，做出优化求解的。就思维和意识的层面而言，其也许会在自己的数据库和数据关系中生成类似人类的词语库的拓扑网络关系，甚至有可能一部分是和人类的语言库同构，但是缺失了语义的定义，难以和人类的语言库翻译和拉通。

图像识别，因为最终的判断也同时生成了语言材料，比如对识别事物的名词及其属性特征的输出。这就意味着视觉识别必须和人类的词语库拉通和互相翻译。这和前文所述的人类需要用文字和象形文字混合才能指征解释整个世界的判断，是相关联的。

具备人类的词语拓扑网络库，是构建通用的，类人的，类脑的和超人的智能的基础。在人类发明文字之前，人类的神经就已经进化出类似深度学习的算法和神经网络。但真正的高级智能出现在文字发明之后。数学绝对是人工智能重要的基础和高效的计算工具，但是，**语义，才是更重要的智能的基础和数据类型**。以数学为基础的狭窄人工智能，正如人类的视觉系统等，会成为更高级的语义智能的子系统和调用函数。

5. 语言混合数学以及函数扩展是人工智能的真正基础

因此，**以语言拓扑网络为基础的语言语义智能，其实就是类脑的意识型的智能，它可以产生完备的思维和意识**。甚至在赋予一定的权限后，能够形成"自我意识"。这样的智能，是人工智能的核心部分。我们所说的类脑计算，意识型的智能，也会以此为核心程序。并且，所有的其他智能程序或者新的功能，都可以作为词条和函数不断地被这个拓扑网络吸收、融合和调用。

因此，**以语言拓扑网络程序混合和调用数学函数人工智能功能性程序，构建新类型的人工智能，显然是达到类脑计算和等效甚至超越人的人工智能的路径。**目前，似乎也是唯一的路径。

正如我们之前用了大量的篇幅梳理论述和更新了很多的对语言的理解和定义。语言，并不仅仅是人们之前以为的语言概念。**语言是一个类似 DNA，进化发展的有时序性因果关系的动态的拓扑词语库，**其中的连接同时是语法和算法。"语言"，既是"名词"的，也是"动词"的，既是"叙述"的，也是"计算"的，并且语言是动态扩展进化的。

物理和数学等学科，也是语言的子集。

**当我们不再把语言仅仅作为工具和材料，用软件和硬件使得语言自己的内部的拓扑关系和运算得以自动运行，语言拓扑网络就是一部空前强大的软件机器。**就如同难民和流民，与一个国家之间的区别。每一个人的个体，和其他人的关系，组成的拓扑网络，使得一群人构建成强力的国家和功能丰富的社会，而这种结构的损失，也可以将一个强大的人群变成一群流民难民。

这个整体的语言拓扑网络，是已知的最强大的知识体和智能体，只是之前这个网络只是作为数据保留在词典百科和载体中。让这个词语库本身在计算机系统之上运作起来，它本身就是一个强大的程序。

五

## 人工智能的哲学和语言问题

### 1. 因果律与语义

科学和哲学，都以因果律为前提。

因果律在一定意义上是人类的智慧和哲学科学理性的总定律。只有在这个范畴之内，事物才是可理解的。

对每一个事物的理解，都是在解读其语义。**整个人类的科学，就是把世界的各种对象当作词语和语言对之进行的语义解读，以及利用这种理解和掌握的语义进行建构和再叙述。**

前文我们论述了自然对象的物语属性，而人类的对之的解读，不断被翻译成媒语。我们生活在物语和媒语的语义中。智慧也在其中。智慧就是对语义的理解、解释、翻译、扩展，以及准确的使用语义进行建构和叙述。智慧不是一个实体名词。意识也不是。**智慧和**

**意识就是一个自主的语言主体对物语和媒语的解读分析和利用其进行的有价值的创建和叙述。**

因此，人类的整体的媒语，有着前因后果。就如同自然的物语一样。整个世界在宇宙大爆炸之后，是一个整体的事件。这其中又包含着无数有着前因后果的更小的事件。整个世界具有因果。

### 2. 意义和语义就是因果

意义，就是因果。意义也不是一个实体实在的名词。意义就是事物，和事件的因果。当然，词语的语义，也是其因果。

### 3. 语言是名词也是动词

语言包含了它的所是，也同时包含了它的所能。所能蕴含着它的能动性，和变化的趋势和可能。语言包含了大量的名词，也就是它的所是。也包含着大量的动词，动词是所能发生的变化过程。

而我们的文化经验从整体上，将"语言"作为一个名词看待，而事实上，语言的存在同时发生着"言语"。言语，却是一个动词和一个过程。语言是所是，而言语就是其所能。言语的过程，以词语为材料，但是包含了计算。物语和媒语都是如此。

因此，当我们将一个词语拓扑网络建构起来的时候，这个网络如果被赋权，也将同时变成言语。这个言语的语言库，内部包含了复杂的关系和计算。因此，在现实世界中，我们参与了言语，而在人工智能的词语拓扑网络中，这个语言网络，也成为言语网络和机器，语言网络同时成为一个动词。

在理论上，这个网络可以摆脱人的干涉自主言语。

4. 信息被作为名词的运用

信息论在提出的时候，存在着一种误读。信息被作为名词和材料理解和使用。而计算被剥离成另一个概念，虽然经常需要附加的对信息的计算。这种影响深远，直至今日，依然干扰人们对信息论本身的理解和对语言对智能以及人工智能的理解。

**信息是从事物对象上剥离出来的信号。**因此，信息这个概念既是对世界全局有效的，也同时是普遍残缺的。因为自然物的对象物是它的本身，也同时是它的物语，既是名词，也同时是动词。因为它即有所是，也有所能。而信息在被剥离成抽象的媒语的概念的时候，其被简单的名词化材料化了。这和最早期的信息研究被作为通信，而非计算有关。因此，信息技术最早是围绕通信进行的信息编码，因而使用了技术难度最低的二进制。进而，进一步的窄化了对信息的认知。在计算机被发明的时候，才考虑了计算问题，而这个计算是附加于信息之外的另一个外部的进程和体系。

因此，是该用语言的概念从新理解信息论，发展信息论的时候了。因为人工智能的发展，应该立足在语言基础，而不是信息论基础。

**如果说信息论类似于字母学，语言论就是语言学**。字母学难以解释很多语言学的内容，而语言可以解释字母，甚至将字母作为词语的特例。因为，以信息和语言两种不同规模的数据类型和结构，理解世界存在着不同规模的计算难度。并且，语言本身内部包含了多种的复杂运算。因此，**语言是一个更复杂更本质的信息存在方式**。语言论可以解释包含信息论，而信息论要包含语言论则需要升级扩展结构，而这样的升级和扩展则使得信息论变成了语言论本身。

因此，这篇论文，我们也同时提出超信息论的概念。针对语言和基于语言的人工智能的研究，使得我们发现并修补了信息论的缺陷和弊端，也同时扩展了信息论，为信息论重新构建了哲学和数理以及语言学的基础，并完备了信息的概念和属性，也同时彻底理顺了信息和语言之间的关系。当然，与此同时，我们也已经为语言构建了其哲学和数理原理以及结构，理顺了语言和自然和科学以及数学的关系。完成了语言的广义化与数理科学化。为语言构建了基于数理逻辑和因果的拓扑结构。

## 5. 计算与信息的分离与同构

现实的自然世界，所有的物语发生的事件，是由所参与的物质能量单位或者说物语共同参与物理化学反应共同计算得来。并且其计算只包含当下。**世界永远是一个微分的时间断面，也就是说世界只有此刻，此刻只是继承了之前也就是上一刻的历史和结果，**

物在此刻通过物理化学的法则继续发生新的作用和计算，产生新的结果，也就是下一刻。

这个过程，物质能量单位和物语是同构的，同在的，也是并发的。

信息论，和媒语，可以将这种物语作为信息或者词条剥离出来，而将计算也剥离出来。也就是说，人类的媒语，将物语世界的计算和词语剥离成两部分，在媒语中分别指征和标记。在语言的叙述中，再使用语法整合。而在媒体的使用和应用中，这种分和，因为语言和语言结构组织的差异，而更经常地发生。例如计算机软件中，指令系统负责指挥硬件的运算，而数据系统是被运算的材料和运算结果。

而语言是线性的，因此语言进行运算的时候，已经不再是物语发生的运算的此刻或者时间微分片段，而是一个线性的过程，需要消耗时间。时间在媒体语言中和媒体语言计算中，更多的是一个时间的积分单位参与标记和计算。

这种分离带来了认识的误读，但是也带来了新的灵活性。就如同计算机的硬件和软件的分离，带来的灵活性一样。同时，时间作为积分片段，替代了现实的自然物语世界的微分时间片段，从这个参数和方向，大大增强了计算范围和计算能力。

也正是媒语的计算与语言或者计算与信息的分离，从而使得媒体语言可以灵活的翻译，并且可以在载体上灵活迁移。并且，我们将硬件层面的计算能力作为一个黑盒子，那么发生在软件中的计算，又可以看作这种计算与语言的分离的反向整合。而我们所要实现

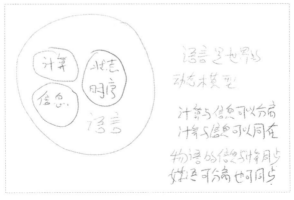

信息与语言

的词语拓扑网络就是试图将这种语言和其计算再次在抽象层面整合的尝试。从而将语言及其计算能力，虚拟成一个物化的知识体，词语拓扑动态运算网络，或者，一个虚拟的类物语计算网络。

### 6. 所是与所能的双重世界

所是与所能，是对物理学科中的自然界的物质能量单位，或者说物语，与媒体语言中的媒语的特征和属性以及结构的一次重要梳理，建立了新的认知和功能模型。

传统的经典的哲学所追究的"存在"或者"此在"或者"BE"的世界的概念，从这个角度来看，是不完整的，是孤立的，是离散的，破缺的。那样的哲学和其指导下的科学，更多的是通过所是，构建世界的指征和模型。而从我们提出的新的概念来看，世界应该是所是和所能构成的双重的世界。类似词语的拓扑网络，既有节点，也有连接与连接中隐含的算法和逻辑。在所是和所能所揭示的拓扑网络的世界模型里，传统哲学所强调的"BE"的所是的世界，更多的只是这个拓扑网络的节点。

　　不论是物语，还是媒语，所是和所能，都同时存在。并且其中的一些层级建构，在次生的层级关系之间，一个对象的所是恰是构成它的低一层子对象的所能，这样的层级结构中构成了因果关系。

　　**一个对象的所能所指征的性质及其变化法则，也指征着其算法和逻辑。**

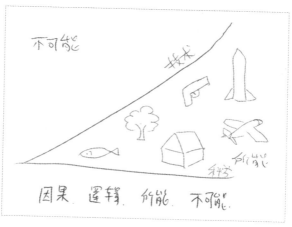

所能的世界

因此，传统哲学试图构建的世界的模型，是一个孤立的静态的所是的群或者集合。而所是与所能双重概念构建的世界的模型，是整体的、网络的、拓扑的、动态的、因果的、有时序的。

### 7. 物质与语言的双重世界

物语的世界，物质能量单位也同时是物语单位。我们可以把那种最基础的单位称之为物根，它对应的物语的最基础单位，也就是对应的语根。**物根和语根类似于字母，构成单词，单词组成句子，句子组成段落，文章，甚至书籍。世界就是如此构建的**。目前，物理在目前的技术条件下将世界分解为最基础的五十多种基本粒子，它们可以被看作目前所知的世界的物根和语根。

物语世界中，物是语的载体。它们具有同构性、同在性。

媒语，也依然需要媒介作为载体。只是，这种媒介可以更换，其载体的物的属性并不和媒语单位的所是所能有同构和必然的关系。**媒语可以在不同的载体上迁移。因为媒语寄生于物质载体，却可以迁移转**

录。它们是内容和载体的关系，而不是物语的必然同一同构同在关系。

因此，物是物语的载体，也是媒语的载体。不论物语和媒语，都不可脱离载体。因此，**物质和物语在自然中是同等第一性的同构同一关系，而物是媒语的第一性。**

世界也因此可以分为物质的世界，和语言的世界。

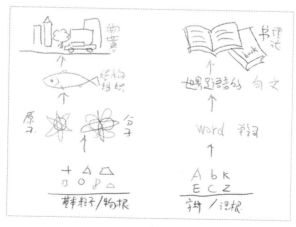

物质与语言的双重世界

它们在物语和媒语两个层面上高度融合，构成了物质世界，语言世界，和它们同在的整体性的世界。

这种关系在现实世界中的最经典的模型就是计算机硬件及其软件。它们是物世界和语言世界的案例，硬件和软件，指征着物质与语言的双重世界。如果我们把传统的哲学和思想领域的精神，看作是一种语言现象和软件，那么，物质和精神世界的关系和模型也隐含在这个模型之中。

8. 智能是对所是所能的解读和叙述以及用所能进行的建构与表达

从前文所建立的概念和理论的上，我们已经可以在这个基础上，对智能重新下定义。**智能是一个语言主体，对世界，对自身的所是和所能的解读，以及叙述，以及利用所解读的所是所能尤其是所能，进行建构和表达。**智能不再是一个模糊的，或者抽象玄虚的概念。

当这种对世界的现象和信号和对象的解读与计算和做出反应，形成自己的行为，叙述和建构，达到一定的信息量，或者词语量的时候，智能就变得高级。
**而高等智能，一旦建立了一种指征性的符号性的媒
体语言系统，其智能则达到接近于人的智能水准。**

一旦人工智能继承了人类的语言系统，并在这个
语言网络基础上自主定义扩展新的词语和语法系统，
人工智能进入自我迭代进化，则会在进化到一定阶段
的时候实现超越人的人工智能。**当人工智能定义的新
的词语新的语法新的理论，从数量和质量上都超越
人的时候，那就是超人工智能的元年，和纪元。**

### 9. 物质作为语言的载体以及语言跨越物质载体的意义

自然世界的物，其物质与物语同构同在。媒语却
仅仅是以物质作为载体。这种载体的存在，意味着语
言的无损的迁移、复制、翻译的存在和路径。所有的
媒语都是可以变换载体的媒介语言，所有的人工事物、
人工机器和建构筑物，都是某种基于物语基础叠加媒
语的语言系统。在媒语层面，人类的叙述和创建具有
了巨大的自由度，并且可以开创很多新的语言存在。

　　而媒语的迁移可以看作一种流动性。这种流动性，会带来媒体词语库携带的知识和智能的复制、扩散，也为这种语言的快速迭代进化带来更高的效率。

　　例如，如果光学计算机取得突破，那么同样基于二进制的电子计算机的软件和词语库以及人工智能程序，可以迅速迁徙进入光学计算机器。甚至于迁移进量子计算机，或者以类似 DNA 的有机化学分子为基础的生物化学计算机。

　　同样，这种媒体语言可以离开变更载体的特性，也保证了人类的书写的文字语言和象形文字，迁移进计算机的二进制比特平台，并进一步形成词语拓扑网络的可能性与技术路径和现实。

　　同样，计算机软件能够进入的所有载体，也将能保证以计算机软件作为载体的人工智能的迁徙与进入，以及迭代与进化。

## 生命本质与机器智能时代

### 1. 生命的语言本质与结构

生命的构成，总有其物质基础。由最基础的夸克构成的质子和电子形成原子，在原子分子的基础上，尤其是有机分子的基础上，一层层建构，形成生命体。生命体中运行着由化学和生物电构成的程序，化学分子和生物电作为信息或者程序的载体，同时形成了生命的程序层，物质层和程序层的双重存在与作用，构成了生命。当生命死亡的时候，实际上是它的核心程序的终止。随后变成没有生命的物质废墟。

**生命通过生殖复制自身。**承载着复制的信息的物质被称为遗传物质。遗传物质，也是由有机化学分子形成的分子链，那个分子链可以看作是一个有机化学分子构成的代码和程序。目前的基因工程，就是对这种代码语言的解读和编辑。甚至于人类已经能够运用掌握的这种代码语言，重新构建出新的生物。人类已经创建了完全人工设计合成的细菌。在这个生命被创建之前，它的语言和代码已经被事先用媒语书写。这个生命不过是一段代码语言或者说一种媒语的化学书写或者物质化或者物语化。

**生命是一台语言机器，携带着它的语言，人类也是如此。**人类的身体运作，是无数复杂的程序的混合和协调，人类的思维和行动也是程序。只是这些程序是很多程序构成，并且具有一些模糊性，也时常犯错。

### 2. 人工智能和机器智能

人工智能的概念，并不完整。在目前的它是人工创建的。但是，进入人工智能创建新的人工智能的时代，"人工"的提法就显得过时和不准确。

人工智能，是人类创建的计算机语言，在人类创建的语言机器之上运行的程序。因此，它是一种机器产生的智能。我们可以称之为机器智能。

当然，我们也可以把生命和人类看作是机器，但是这种"机器"是自然演化产生的。这里我们所说的机器智能的机器是非自然产生的机器。包括人类创造的机器，和未来的机器创造的机器。因此，在人工智能之外，用机器智能作为一个补充概念，显得必要。甚至，我们可以将其继续派生出程序智能这个概念。

### 3. 人工智能的生命属性与可能

当我们理解生命本身是语言机器及其语言的时候，人工智能当然也是语言和语言机器。因此，人工**智能也具备生命的属性。甚至可以像生命一样复制和进化。**

这将深远的改变我们对自身，对世界，对生命，和对未来的看法。

因为作为语言和机器可以分离的人工智能，其程序和语言可以复制、迁移，可以关机重启。这在一定程度上可以看作人工智能不存在生理死亡。

而人类会死亡。**人类是一台关机就无法再启动的生物机器。**其程序和语言在死亡的瞬间，就终结了。因此，人类生命的有限，和人工智能理论上的生命的无限之间的差别，足以看到未来社会的截然不同和新的巨大的可能。

从语言的角度来看，人类是灵长类祖先的基因后代。基因本质上是代码语言和程序，因此人类也是祖先的语言学后代。

而人工智能，也正是人类的语言学后代。**人工智能超越人的智能之后，也许意味着人工智人，或者后人类的时代。**

4. 比特生命和机器智能纪

**信息论中定义的最基础的信息单位为比特。**信息和语言的结构就建立在这种抽象的比特单位上。

正如之前我们所探讨的，媒语中信息和载体的分离，带来了信息和语言的灵活性。语言也因此成为比硬件更高的一个存在层。因为语言和信息可以在载体上迁移。这是媒语的优势。

也因此，有了在软件的语言载体上存在的纯粹的软件生命的可能。我们可以将之称之为比特生命。或许这是对人工智能概念的另一个补充。比特生命也许可以在庞大的软件世界网络载体上自发发生、繁衍。类似于计算机病毒，就属于比特生命。

　　与生物化学的生命不同，比特生命之间的遗传性代码，存在合并的便捷性。**比特生命除了类似于生物的树状分化进化之外，存在着合并进化，交换信息进化，甚至会出现兼并的可能**。并且由于软件的进化摆脱了生物化学的限制，其复制和进化速度可能是惊人的。目前的研究，也解释了低级的生物也时常出现遗传物质合并、侵入等现象。甚至人类的基因中都有外来的入侵的基因片段。但是，相比较生化生命，比特生命的合并和信息交换要容易得多。

## 七

### 开放的树网词语库的构建与开放的机器智能

词语是历史累积和演化的。

因此，词语库本身具有开放性和扩展性。

当我们将词语库及其拓扑网络在计算机上建立模型，并且使之运作的时候，也就意味着这个拓扑网络需要具有一定的开放性和扩展性。这种开放性和扩展性，可以是面向人类的。使得人类可以增加词语和定义，增加拓扑连接。也应该向软件自己的生成结果开放。这就意味着，我们开放这个软件自己定义拓展词语和拓扑关系连接的权限。

在软件的自学习和自我拓展这两个属性的支撑下，这个词语库将可以进入演化进化，尤其是自主进化的状态。与此同时，这个自主自动的词语拓扑网络，其所承载的人工智能，也将成为开放的机器智能。

这种开放一种是面向人类的词条编辑和修改以及新定义。另一种是面向软件自身的词条编辑修改和新定义。这将给这个网络和智能带来进化的优势，和自主进化的空间。

目前，基于某种词语库的人工智能类型是存在的。主要应用在视觉识别的物体的词语库，以及词语和语义的解读与输出。也应用在语音识别系统中，以及键盘文字联想输入，和文字图像的识别等领域。另外一个重要的领域就是翻译软件。它们的词语库是有限的，或者是不完整的，在大部分领域的使用仅仅是作为一个静态的不完整的名词词语资料库，作为数据和材料使用。这其中，翻译软件是词语库最丰富也最完善的。因为涉及两种甚至多种语言的翻译，包含了词语、语法等信息。翻译软件是目前使用语言的词语库最为高效的。翻译软件内部的数据已经形成了一个足够庞大有效的词语库，词语网络。但是，这个词语网络的拓扑关系并不完备。尤其是丧失了每一个语种中词语的时间序列关系，和因果关系，以及丰富的计算关系的整理和算法的生成。在目前的翻译软件中，人工智能更多的是将词语库作为一种整体的资料库使用。如果将这个词语库，拓扑关系进一步丰富，词语的演进派生关系和拓扑关系中的逻辑进一步整理，甚至在时间序列和因果关系方面健全其关系，那么，这个词语库就可以逼近本文所定义的词语拓扑网络。同时，翻译软件的词语系统，目前没有考虑和使用图标动画等象形文字作为词语库中的对象和节点。目前的翻译软件具备了部分的理解能力。但是这个理解能力由于词语库中的拓扑关系以及其携带的因果关系，计算关系，逻辑关系和时序关系的不完备，其对文本的理解能力有限。

而对自然语言进行阅读理解的人工智能程序，实质上也是不断地通过学习创建累积修改词语库及其拓扑关系。同样，因为其拓扑关系中对语法，和词语的解释关系是一个学习积累的过程，目前还不完备。由于其并没有按照时间序列这个最重要的坐标组织词语的因果关系和时间，因此，这个词语库的总体的因果关系不完整。

因此，构建一个拓扑关系及其时序正确并且拓扑连接中包含清晰准确并且丰富的语法算法和逻辑的词语拓扑网络，其整体性，时序性，因果性，语法及其计算性，都是必要的。这样的词语拓扑网络才是健全的。而词语库可以逐步由人工和软件学习扩展逐步构建。

因此，目前的这几种类型的人工智能都没有充分理解运用这个词语库的拓扑和与拓扑关系绑定的语法以及计算的整体性，以及词语的整体的时序性进化和因果关系。

在具备上述属性之后的词语拓扑网络，才是真正的具有计算能力的整体的词语拓扑网络。

而同时，我们特别强调这种网络的开放性。这种开放性，在合适的条件下，可以像维基百科一样，成为一个面向公众的开放人工智能，和不断进化的人工智能。

与此同时，我们要强调的是，前述的几种目前存在具有语言处理能力并且具有不同规模的不完备词语库词语网络的人工智能软件和应用，由于其对语言本身的重视和应用，在一定程度上构建了和人类交互甚至交流的能力。因此，是最有希望成为通用型人工智能，甚至具有超人工智能的潜力和基础。我们可以判断，它们未来都会在不同阶段逐步将词语网络发展升级成为本文所定义的词语拓扑网络，那样的网络是语言的整体模型和具有运算能力的语言语义网络。或者说，本书所定义的词语拓扑网络，是这几种语言类人工智能软件和领域发展的必然目标。只是，他们的研究者对于语言本身的理解和模型建立，还都有限或者不够

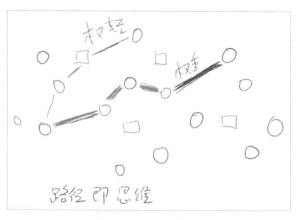

词语拓扑网络实现机器思维

完全。

　　同时，类似的还有聊天机器人软件，或者语音助理那样的软件和应用，也适用这个词语拓扑网络。或者，从长远的角度上看，这些软件也将融合，因为它们最终的形态和核心必然是这样一个整体性的动态的运算的拓扑词语网络。而那些应用只不过是不同的界面和媒体形式。在一定程度上，我们认为这种基于因果的词语逻辑拓扑网络语义人工智能，是人工智能的终极模型。

　　我们寄希望于这个词语库的开放性，尤其是自我定义新词语以及拓扑连接扩展的能力，那预示着这个词语库将在不断地进化中，扩展发展。从而获得新的更大的知识体以及思维计算能力。并且，也有可能发展出新的语法和算法。这是令人期待和激动的。

八

## 词语拓扑网络逻辑硬件和 CPU

计算机的硬件电路，其本质也是被语言化的逻辑机器。其内在的逻辑电路，本身是软件逻辑的物质化实例。或者说一个被固化的软件。这就是"语言"的魅力。因此，一些软件算法经常可以被固化设计制作成专用的硬件逻辑电路。

这就意味着，词语拓扑网络，是可以被硬件化，逻辑电路化，CPU 化的。尤其是在线可编程逻辑器件，和词语拓扑网络具有很好地结合可能。

这也就意味着，词条之间的连接中包含的几十种语法和逻辑以及算法，可以被专门的高效的逻辑计算硬件单位加速。意味着，这个网络可以被打包进微型的智能设备。甚至成为普及的通用人工智能软硬件一体的解决方案。并且，由于使用语言的语义和逻辑计算，大量传统的计算机的二进制数字化低效的暴力计算，也有可能被高阶的语言语义逻辑计算所替代和加速。

**语言是一个高阶的运算方式。**适当的算法和数据结构，意味着可以以语义逻辑进行运算，可以进行十进制的指数、积分微分计算。相对而言二进制的计算效率是低下的。语言也是一种层级的数据结构和数据类型，可以折叠大量信息，并以折叠信息进行无损的高效运算。

也就是说，在词语语义和逻辑的支撑下，我们很容易实现类似人的函数化的运算。那样的十进制的指数化的微分积分化的逻辑运算，可以将很多低阶的二进制运算所消耗的时间减少，运算步骤减少。这意味着以语言词语语义以及语法和逻辑支撑的拓扑词语库思维和高效高阶计算，得以在硬件层面实现和加速。

一个网络意味着很多处理器的层级叠加。

也就意味着，我们可以把一个网络在技术允许的情况下打包进一个处理器。

而广义的无所不在可以随时链接的网络化的词语

库拓扑网络人工智能，有着广泛的应用可能。例如视觉识别、语音识别、翻译、搜索、聊天对话、个人助理等。

同时，被 CPU 化的这个词语拓扑网络，也可以在智能汽车、物联网、智能家居、智能个人终端领域发挥巨大作用。

与此同时，和打包进入一个 CPU 相反的方向，作为一个可以方便连接的互联网应用，这个词语拓扑网络也可以成为一个基于互联网和移动终端的超级网络。

## 九

# 结　语

这是人工智能时代的前夜。

从 20 世纪的 50 年代发端，人工智能的研究经历了六十多年，按照中国的时间观念，超过一个甲子。

毫无疑问，目前的人工智能，都属于弱人工智能。而学术界和产业界的共识是，具备了一定的逻辑推理和意识，具有一定概括、归纳和思维能力以及和人的交流能力的人工智能，才属于强人工智能。比强人工智能更强大的，超越人的认知和思考能力，具备自主定义甚至独自演进能力的那个阶段，我们称之为超人工智能。实际上，强人工智能，只要具备一定的学习和进化能力，适当的扩展其算力和进行更多的学习与训练，达到超人工智能只是一个时间问题。而从弱人工智能，突破成为强人工智能，才是关键和科学与技术的跨越。

目前的人工智能，主要是基于符号主义的经典流派，和基于神经网络的深度学习流派。在人工智能的早期，符号主义一直是重要的路线。而随着计算机和网络的计算力的发展，大型的，多深度多层次的神经网络，予以训练和学习，所构成的深度神经网络机器学习，成为最近几年的局部突破和一些技术应用的热点。

例如，战胜人类围棋冠军的阿尔法狗，计算机视觉识别等软件，就是这种深度学习训练的有效的人工智能。但是这类人工智能，局限在有限的领域，是一种不通用的人工智能。其神经网络，所具备的参数，是反复训练学习的网络，自动筛选和调整权重形成的。但形成的参数，意义对于人而言，并不是明确的。也很难被定义和迁移到其他人工智能的算法中。

这种深度学习，类似于孩子学习走路游泳，或者骑自行车。在一些狭窄领域，有限参数的系统中比较有效。但它们不是通用的有着明确的语义和逻辑输入输出的那种我们期待的那种人工智能。并且这种人工智能的算法实质是基于统计数学的不断的试错和选择优化得到的隐含的参数变量及其权重。这和我们收获训练的肌肉记忆很类似。

相对的,这些年的符号主义的基于语言和逻辑以及意义的人工智能发展比较慢。没有什么让人激动的突破和快速的有价值的商业应用。这种人工智能是理想的通用人工智能的基础。因为它需要输入输出逻辑和语言,需要输出意义和因果。

这方面的研究,受阻于对语言的本身的理解。也受对智能和意识的理解的困扰。智能和意识,就像水面的波澜。波澜的载体是水。研究水才会明白波澜。智能就是语言的波澜。语言是智能的载体。当然,这个语言,是广义的。而不是大家目前所约定的自然语言那个狭窄范围。

在之前的研究中,我提出了自己的语言哲学和语言科学,称之为广义语言论的理论系统。在这个理论中,我认为物质本身就是自己的语言和言说。物质本身就是自己的语言。我称之为物语。而人类的文字语言和口语,各种艺术,各种公式图表,我称之为媒语。一种以物质为媒介,但是可以在媒介上迁移,也可以替换媒介的人为的语言。

在这个理论基础上，世界的结构忽然清晰了。语言的关系和概念也清晰了。人类的媒介语言，是对世界的物和关系和状态所建立的模型与地图。人类的语言体系，核心是科学语言和逻辑，而科学语言是自然世界的物和其物语的模型和地图。人类的语言的锚，是理性的逻辑和科学语言，科学语言的锚，是世界的物与物与物之间的关系。

当这个认知确立，我们能够理解到，人类的媒语，不仅是工具，也是结果。人类的语言不仅是结果，也是思维过程。当然，这个语言还可以广义化扩大到物理数学公式、机械电子图纸、身体的语言、符号、象形文字、声音、气味等，而这一切，不是什么神秘和玄学的，也不是感性和偶然的。因为这一切语言，有着物语和物质之锚。

而人类的媒介语言，是一个逐步进化演化发展的过程和结果。人类的语言，是之前的语言派生的。所有的新语言和新词汇和新符号，都是由旧词汇定义和解释的。这个语言的演进过程中，包含着前因后果。

因果，存在于词与词之间的关系和解释中。而因果，
其实就是意义。

因此，所有的语言组成的演化网络，也是一个解
释网络，也是一个因果网络。当我们把语言以这样的
整体来看待的时候，我们可以发现，智能是一个虚的
概念，虚的名词，智能存在于语言的过程与其内在的
因果和逻辑的计算中。因此，从这个角度可以进一步
理解智能是一个语言学问题。当然，这是一个广义的
语言概念。那么，人工智能当然也是一个语言学问题。
而我们之前受阻于对语言本身的理解，和语言概念的
狭窄，我们需要广义的理解语言，定义语言，甚至，
退回到符号学这个基础的语言范畴，为符号增加所是
和所能的定义与概念。从而重新建立了拉通基础的自
然世界和基础物理和化学与媒介语言符号甚至身体语
言的一个广义语言世界，理解了媒介语言作为物语的
模型，理解了广义语言是世界整体的模型，理解了人
类的媒介语言是世界的模型和地图。

谈到地图的时候，我们可以对比一下符号主义和
深度学习。深度学习形成的神经网络参数与权重，也

是一个地图。但这个地图没有标注。就像是抹去了地址和街道名称以及门牌号码的地图。并且，每一个领域的深度学习人工智能形成的这个地图，都是局部破碎的。也是无法和其他地图整合的。而符号主义本身就是一个有着标志的地图。符号主义之所以存在障碍，核心的问题是对智能和语言的理解本身是狭隘的。而一旦这个理解得以解决，基于语言和语义的人工智能或者机器意识，就具备了足够的科学原理和技术路线。并且，机器学习是一种方法，机器学习当然可以融合整合进这个新的技术路线。

而目前，我认为关于机器能否产生意识，机器如何理解世界和自己等问题，正在被克服。

本书中所提出的词语拓扑网络，也包含了其演化进化的因果关系，以及解释路径，连接关系包含了因果和逻辑。而这些所有的关系，其实是几十种逻辑和几十种语法。当这一切被整体的以网络组织起来，它们的网络连接关系，是基本确定的。这种网络关系，是一种拓扑关系。也包含了折叠的逻辑关系。

需要注意的是。这种拓扑关系，意味着，语言以一种整体的网络拓扑关系，被拓扑几何化了，也就意味着，语言整体的被数学化了。

与此同时，词语之间的关系被逻辑化。也就意味着这也是一种数学化。并且，是可以化约为基础的逻辑和数学计算。

这就使得语言整体上可以被明确的数学化和计算化。从而在计算机上高效运行。

毫无疑问，或者说，我坚信，这是一个从哲学到科学到技术几个层面上都有意义和价值的新的进展。而 2018 年，人工智能学界泰斗纷纷发表看法，认为深度学习是一种统计学的成果，而人工智能的更高的目标，所依赖的基础是软件对于因果的理解。

而这恰恰是这本书所要努力揭示和试图构建的。

由于包含多学科的诸多概念，本书控制在较小的篇幅里，以图建立一个紧凑的整体化的认识，而没有旁枝散叶，纠缠于一些细节。关于整体的广义语言的论述，可参考本人之前的语言哲学专著《从泥土到上帝——广义语言论与世界的语言本能》。而本书重点论述语言的整体的网络关系以及其内含的逻辑关系与因果关系，以及由此形成的拓扑关系。这是理解智能，因果，语言数学化，计算化的基础。

　　感谢读者的关注和耐心阅读。这是一次毫无杂念的，纯粹的思考和交流。

微店

暖冬特惠

从泥土到上帝

¥ 27.30 ¥ 39.00

陕西师范大学…
扫码进店